AF614321

ISBN 978-3-662-24493-7 ISBN 978-3-662-26637-3 (eBook)
DOI 10.1007/978-3-662-26637-3

Die in den Sitzungsberichten Abtlg. I und Abtlg. II der math.-nat. Klasse der Österr. Ak. d. Wiss. erscheinenden Abhandlungen werden auch einzeln abgegeben. Sie können durch jede Buchhandlung oder direkt durch die Auslieferungsstelle der Österreichischen Akademie der Wissenschaften (Wien I, Singerstraße 12) bezogen werden.

Nachfolgende Abhandlungen aus den Fächern **Geologie, Mineralogie** und **Geographie** sind erschienen:

1959 (S I Bd. 168):

Flügel Helmut und Maurin Viktor: Ein Vorkommen vulkanischer Tuffe bei Eibiswald (Südweststeiermark). S 4.50

Hanselmayer Josef: Beiträge zur Sedimentpetrographie der Grazer Umgebung XI. Petrographie der Gerölle aus den pannonischen Schottern von Laßnitzhöhe, speziell Grube Griessl (mit 6 Figuren auf 3 Tafeln). S 40.10

Leischner Winfried: Zur Mikrofazies kalkalpiner Gesteine (mit 17 Textabbildungen, davon 1 auf einer Beilage und 6 Tafeln). S 52.40

Mitzopoulos M.: Erster Nachweis von Gosauschichten in Griechenland (mit 3 Textabbildungen und 2 Tafeln). S 16.30

Sander Bruno: Beiträge zur morphologischen Kennzeichnung der Erde. S 89.—

Thurner Andreas: Die Geologie des Gebietes zwischen Neumarkter und Perchauer Sattel (mit 5 Textabbildungen). S 15.50

1960 (S I Bd. 169):

Hanselmayer J.: Beiträge zur Sedimentpetrographie der Grazer Umgebung XIII. Ein „Andesit-Gerölle" aus der Sandgrube in Dornegg bei Nestelbach-Schemerl (mit 2 Abbildungen auf 1 Tafel). S 11.—

Hanselmayer J.: Beiträge zur Sedimentpetrographie der Grazer Umgebung XIV. Petrographie der Gerölle aus den pannonischen Schottern von Laßnitzhöhe, speziell Grube Griessl (mit 4 Textabbildungen und 2 Tafeln). S 20.—

1961 (S I Bd. 170):

Hanselmayer Josef, Beiträge zur Sedimentpetrographie der Grazer Umgebung XV. Petrographie der pannonischen Schotter von Hönigthal (mit 1 Textabbildung und 1 Tafel). S 170 – 11, S 26.90

Hanselmayer Josef, Beiträge zur Sedimentpetrographie der Grazer Umgebung XVI. Ein massiges, grünlichgraues Porphyroidgerölle aus den pannonischen Schottern von der Platte-Graz (mit 1 Tafel). S 170 – 30, S 9.–

Vaché Raimund, Prädiluviale Hochgebirgsbrekzien im mittleren Wettersteingebirge (mit 3 Textabbildungen und 1 Beilage). S 170 – 31, S 15.–

1962 (S I Bd. 171):

Hanselmayer Josef, Beiträge zur Sedimentpetrographie der Grazer Umgebung XVII. Fund eines Lazulith-Quarzfels-Gerölles im Würmglazialschotter von Graz (Don Bosko) (mit 4 Abbildungen auf 1 Tafel) 171 – 1, S 9.–

Hanselmayer Josef, Beiträge zur Sedimentpetrographie der Grazer Umgebung XVIII. Erster Einblick in die petrographische Zusammensetzung steirischer Würmglazialschotter (speziell Schottergrube Don Bosko, Graz) (mit 4 Abbildungen auf 2 Tafeln) 171 – 3, S 47.–

Kaumanns M., Zur Stratigraphie und Tektonik der Gosauschichten. II. Die Gosauschichten des Kainachbeckens (mit 8 Abbildungen und 3 Tafeln) 171 – 17, S 50.–

Kristan-Tollmann Edith und Tollmann Alexander, Die Mürzalpendecke – eine neue hochalpine Großeinheit der östlichen Kalkalpen (mit 1 Abbildung) 171 – 2, S 37.–

Schoklitsch Karl, Untersuchungen an Schwermineralspektren und Kornverteilungen von quartären und jungtertiären Sedimenten des Oberpullendorfer Beckens (Landseer Bucht) im mittleren Burgenland 171 – 4, S 124.–

Tollmann Alexander, Die Frankenfelser Deckschollenklippen der Grestener Klippenzone als Typus tektonischer Deckschollenklippen 171 – 6, S 12.–

Winkler-Hermaden Arthur, Die jüngsttertiäre (sarmatisch-pannonisch-höherpliozäne) Auffüllung des Pullendorfer Beckens (= Landseer Bucht E. Sueß') im mittleren Burgenland und der pliozäne Basaltvulkanismus am Pauliberg und bei Oberpullendorf – Stoob (mit 5 Textabbildungen, 5 Tafeln mit je zwei Lichtbildern in Schwarzdruck und 3 Tafeln in Farbdruck) 171 – 5, S 84.–

Beitrag zur Kenntnis der Enstatit-Bronzitfelse der Ultramafit-Masse von Kraubath (Steiermark)

Von Franz Angel (Graz) und Franz Laskovic (Kirchdorf, OÖ.)

(Vorgelegt in der Sitzung am 16. Dezember 1965)

Die Kraubather ultramafische Masse enthält an vielen Stellen Orthopyroxenite, die als „Schillerstein" schon von Anker (1809) und Mohs (Mohs-Zippe) 1939 aus der Gulsen erwähnt und mit Bronzit synonymisiert worden sind. Es gibt dazu nur wenige ältere und neuere Analysen (1) von verschiedenen, nicht genau definierten Fundpunkten, die besondere Probleme boten. Wir stellen sie in Tabelle 1 Laskovic's Analysen von 1965 diskutierend gegenüber; ihr Material stammt aus der großen, geschlossenen Enstatitfels-Masse des „Holzer-Bruches und Stollens", die im Brandner-Waldthausenschen Hartstein-Bruch bei Preg heute mit je 100 m Saigerteufe, söhliger Mächtigkeit und Streichlänge in den Aufschlüssen studiert werden kann; ihre Ausdehnung ist aber noch größer. Diese Orthopyroxenit-Masse erwähnte u. a. A. Miller-Hauenfels bereits 1856 (7), S. 105.

Tabelle 1 führt die Analysen in folgender Ordnung vor:

I. „Bronzit", Gulsen/Kraubath, Klaproth 1815.
II. „Bronzit", Kraubath, Regnault 1867.
III. „Bronzit", Kraubath, Höfer 1866.
IV. „Bronzitfels", Holzerbruch, Lipp 1951.
V. „Bronzit", Sommergraben, Echle 1956.
1. Feinkörniger Enstatitfels, Laskovic 1965.
2. Mittelkörniger Enstatitfels, Laskovic 1965.
3. Enstatit-Einkristallkorn, Laskovic 1965.

Die Muster aus dem Holzer-Bruch: IV, 1, 2, 3 sind nicht monomineralisch. Außer dem Enstatit mit seiner sehr lichten, graugelben Bronzetönung sieht man (freies Auge und Lupe) die kleinen, leuchtend hellgrünen Edenit-Körnchen, gelegentlich etwas Talk, Körnchen von Chromit und Gelbkiese mit schwarzen Magnetiträndern. Tiefere Einsichten ergeben sich erst aus den Analysen und zugehörigen Dünnschliffen.

Tabelle 1. Das Analysenmaterial über Enstatit-Bronzit des Ultramafitit-Bereiches von Kraubath, Steiermark (Österreich).

Gewichtsprozente

	I	II	III	IV	V	1	2	3
SiO_2	60,0	56,41	57,27	53,1	55,98	50,80	53,77	55,45
TiO_2	n b	n b	n b	n b	n b	0,20	0,11	0,03
Al_2O_3	n b	n b	0,23	n b	1,96	0,81	0,90	0,99
Cr_2O_3	n b	n b	n b	n b	n b	0,25	0,44	0,38
Fe_2O_3	10,5	n b	0,34	10,5	1,46	2,13	1,30	0,65
FeO	n b	6,56	7,52	n b	5,35	6,72	5,41	7,68
MnO	n b	3,30!	1,21!	n b	0,14	0,43	0,18	0,24
MgO	27,5	31,50	30,08	32,9	32,01	26,14	30,29	31,00
Ni	n b	n b	n b	n b	n b	0,13	0,19	0,08
CaO	n b	n b	n b	1,7	2,22	3,65	3,03	1,77
SrO						1,68	Sp	—
Na_2O	n b	n b	n b	n b	n b	0,15	0,15	0,20
K_2O	n b	n b	n b	n b	n b	0,10	0,10	0,05
Cu	n b	n b	n b	n b	n b	0,27	0,21	Sp
Co	n b	n b	n b	n b	n b	Sp	Sp	Sp
P_2O_5	n b	n b	n b	n b	n b	Sp	Sp	—
CO_2	n b	n b	n b	n b	n b	0,56	0,35	0,19
SO_3	n b	n b	n b	n b	n b	1,28	—	—
S	n b	n b	n b	n b	n b	0,37	0,44	0,20
H_2O+	{0,5	{2,38	{3,03	{1,8	{1,50	3,53	2,98	1,15
H_2O-						0,44	0,32	0,10
F						0,08	Sp	Sp
Cl						Sp		
	98,5	100,15	99,58	100,0	100,60	99,72	100,18	100,16

Spurensuche in 1: Pb negativ; Spuren von Zn und Ba.

Atomproportionen

	1	2	3
Si	846	895	923
Ti	2,5	1,4	0,4
Al	16	18	19
Cr	3,4	5,8	5,0
Fe‴	27	16	8
Fe″	93	75	107
Mn	6	2,5	3,4
Mg	648	751,5	769
Ni	2	3	1,2
Ca	65	54	30
Na	5	5	6
K	2	2	1
Cu	4	3	—
CO_2	13	8	4
S	12	14	6
SO_3	16	—	—
Sr	16	—	—
H	392	331	128
F	5	—	—

Analysenmethodik

Im Analysengang nach (15) wurden bestimmt: SiO_2 (Kap. 3), Sesquioxydsumme, Kontrollwert (Kap. 7), Cu, Ni, Mn (Kap. 36, 37), MgO (Kap. 18), CaO nach (17), Abscheidung und Bestimmung von SrO (14). Einzelbestimmungen von Cl und F (15), Kap. 28, 29.

Einzelbestimmungen: CO_2, Al, Ti, Gesamt-Fe, Cr, Ni und flammenphotometrische Bestimmung der Alkalien (14).

Co: In der qualitativen Röntgen-Fluoreszenzanalyse koinzidiert Co K alpha mit Fe K beta, vgl. Tabelle 6. Es wurde daher auch ein Nachweis nach (14) S. 80 versucht, als Ammoniumrhodanid-Komplex im Amylalkohol-Äther-Auszug; da ist untere Nachweisgrenze 0,02 mg. Dem Ergebnis nach können nur Spuren von Co angegeben werden, deren Beträge 0,02 Gew.-% in der Gesamtanalyse nicht erreichen.

SO_3, S und Cl nach (13). FeO nach (17). P und Mn titrimetrisch nach (16). H_2O über 110^0 als Glühverlust, berichtigt für Fe″, Mn″ und CO_2.

Die Gew.-%-Werte sind Mittel aus je zwei guten Parallelbestimmungen. — Für die großzügige Unterstützung bei Durchführung der qualitativen Röntgenfluoreszenz-Analyse sei dem „Forschungsinstitut der Zementindustrie“ in Düsseldorf bestens gedankt.

Diskussion der Analysen

Die Fundpunktslage der Muster 1, 2, 3 und IV kenne ich (Angel) persönlich; jener Teil der Masse, aus welchem IV stammte, ist schon abgebaut. Aus Tabelle 1 ist ersichtlich, daß gegenüber den bisher bekannten Analysen eine Fülle neuer Daten gewonnen worden ist und nun auch regionale Vergleiche ermöglicht werden, welche nun folgen.

Die Mangan-Frage. Die Analysen 1, 2, 3, V weisen 0,14 bis 0,43 Gew.-% MnO aus; in verwandten Gesteinen Indonesiens: Bronzit- und Diallagserpentine, Harzburgit, Peridotit, liegt nach (19) MnO bei 0,2—0,5 Gew.-%, in Serpentiniten sinkt es auf 0,1 Gew.-% ab. Eine chinesische Pyroxenitgruppe ergab nach (18) 0,00 bis 0,13 Gew.-% MnO. Wir fallen somit in den indonesischen Rahmen, der chinesische schließt nach unten zu an. Die Analysen II und III, Tabelle 1, führen ausgefallen hohe MnO-Werte an; was sie bedeuten, ist offene Frage und nicht dadurch zu bereinigen, daß man sie als falsch erklärt. Man müßte schon das Originalmaterial dieser Analysen nachanalysieren, oder von den Originalfundpunkten Muster neu untersuchen wenn das möglich ist. Im Holzerbruch haben die MnO-Werte nur engbegrenzte Schwankungen. Mit höherem MgO sinkt MnO, mit höherem FeO steigt es i. a., aber diese Beziehungen sind nicht linear, da andere paragenetische Umstände mitspielen. Zur Zeit sind die hohen MnO-Werte der Analysen II und III unverständlich.

TiO_2. Erstmals liegen nun TiO_2-Befunde von Kraubather Orthopyroxeniten vor. Im Holzerbruch schwanken seine Werte zwischen 0,20 und 0,03 Gew.-%. Bei RO-SHING (18) liegen in chinesischen Vergleichsgesteinen die Werte um 0,06 bis 0,42 Gew.-%, in Indonesien nach (19) bei 0,05 bis 0,20 Gew.-%. Unsere Holzerbruch-Muster halten sich ebenfalls in diesem Rahmen. Dieses TiO_2 ist in den Einschlußplättchen mineralisiert, welche den Schiller der Enstatit-Körner verursachen (Pigment, Ferri-Ilmenit).

Al_2O_3. Das Muster V enthält nach ECHLE 1,96 Gew.-%; die Werte bei den Holzerbruchmustern sind bloß 0,90 ± 0,09 Gew.-%; HÖFER gab für Analyse III nur 0,23 Gew.-% an. Die örtlichen Differenzen sind bemerkenswert. Als Tonerdeträger haben die Holzerbruch-Muster Chromit, Picotit, edenitische Hornblende, Diallag und eventuell den reinen, rhombischen Pyroxen. Als Durchschnittswert für Enstatite aus Pyroxeniten und Peridotiten gibt TRÖGER (12), S. 343, Al_2O_3 = 2,58 Gew.-% an; unsere Werte liegen weit unterhalb. Nach BOYD & ENGLAND (3) nimmt Enstatit bei 1400°/20 kb rund 14 Gew.-% Al_2O_3 in feste Lösung, vielleicht auch mehr; in Hypersthen-Granuliten enthält der Orthopyroxen 9 Gew.-% davon. Man erwartete daher in natürlichen Hochdruckparagenesen, wie es Kimberlite sind, tonerdereiche Orthopyroxene, aber ihr tatsächlicher Al_2O_3-Gehalt lag nur bei 0,78—1,50 Gew.-%, das ist ein Bereich, in welchen ungefähr auch unsere Muster V, 1, 2, 3 fallen.

Cr_2O_3. Dieses Oxyd wurde bisher nur in den Analysen 1, 2, 3 mit 0,25 bis 0,44 Gew.-% ausgewiesen. Cr steckt in den etwas unregelmäßig eingestreuten Chromitkörnern und dem spärlichen Picotit. In RO-SHINGS Pyroxeniten (18) sind 0,22—0,42 Gew.-% enthalten, also so wie bei uns. VAN TONGEREN (19) verzeichnet aus indonesischen Peridotiten bis Pyroxeniten in 2 von 7 Fällen 0,2 Gew.-%, in den übrigen aber über 1,0%, freilich nur wenig darüber. Das entspricht der oft stark wechselnden Verteilungsdichte der Chromitkörner in den Mustern.

Fe_2O_3. Die so notwendige Trennung von Fe''' und Fe'' gibt es bloß in den Analysen 1, 2, 3, V und III. Schon in 1, 2, 3 wechseln seine Werte mit 2,13, 1,30 und 0,65 Gew.-%, also beträchtlich. ECHLES 1,46 Gew.-% aus V passen zu unserem Fall 2, HÖFERS 0,34 Gew.-% aus III schließt nach unten hin an unser Muster 3 an. Das als Fe_2O_3 ausgewiesene Eisen steckt z. T. im Magnetit, an S gebunden in Pentlandit/Magnetkies und schließlich im Ferri-Ilmenit. Für die Aufteilung von Fe_2O_3 ist Voraussetzung die Trennung der Fe-Oxyde und Bestimmung von S.

FeO. Petrochemisch auswertbar sind nur die FeO-Werte in V, 1, 2, 3, wobei die Gew.-%-Anteile von V und 2 einander sehr nahe liegen. FeO geht in geringer Menge in den Ilmenit, in den Silikaten nimmt es das wenige MnO der Analysen mit und verteilt sich an der Seite von MgO im Orthopyroxen, Diallag und Edenit.

MgO. Die Wertschwankungen sind beachtlich, allein schon in 1, 2, 3 rund 5 Gew.-%. Ordnet man nach fallendem MgO und stellt die betreffenden H_2O+ zur Seite, so ergibt sich folgendes Bild:

Gew.-%	IV	V	II	3	2	III	I	1
MgO	32,9	32,01	31,50	31,00	30,29	30,08	27,50	26,14
H_2O+	1,8	1,50	2,38	1,15	2,98	3,03	0,5?	3,53

Eine lineare Beziehung läßt sich zwar nicht daran ablesen, aber in V—3—2—1 stehen niedrigeren MgO Gew.-% höhere H_2O+ zur Seite, auch III paßt da herein. Ein Hinweis, daß mit dem starken Wasserzutritt eine Magnesia-Ausfuhr gedeckt wird: Steatitisierung des Orthopyroxens. Vgl. dazu die Aussagen der folgenden Tabellen.

Ni. Nach den Bestimmungen in 1, 2, 3 betragen die Schwankungen $0{,}13_5 \pm 0{,}05_5$ Gew.-%, also nicht sehr bedeutend. Dieses Ni steckt nicht in den Silikaten, sondern im Magnetkies-Pentlandit. Ro-Shing fand in chinesischen Pyroxeniten NiO = 0,10 bis 1,50 Gew.-%, das wäre Ni = 0,08 bis 1,19; vergleichsweise stehen unsere Muster im unteren Bereich des chinesischen Intervalls. Van Tongeren (19) verzeichnet für 6 verwandte indonesische Muster 0,2, für ein siebentes 0,03 Gew.-% NiO, entsprechend 0,16 und 0,024 Gew.-% Ni. Das ist der Rahmen der Holzerbruch-Pyroxenite.

Co. Nach Laskovic in 1, 2, 3 Spuren, besonders schwach in 3; jedenfalls werden 0,02 Gew.-% nicht überschritten. Geht man von diesem Grenzwert für 1 und 2 aus, so ist das Verhältnis Co:Ni in 1 gleich 1:6,5, in 2 gleich 1:9,5, für 3 ist Co auch nur ein kleiner Bruchteil von Ni. — Ro-Shing verzeichnet CoO = 0,01 bis 0,03 Gew.-%, und Co:Ni = 1:10; bei Van Tongeren liegen die vergleichbaren indonesischen Werte ebenfalls bei CoO = 0,01 bis 0,03 Gew.-%, Co:Ni ist 1:7 bis 1:10 oder gar 1:20, nur in einem von 7 Fällen ist es 1:3. Unsere Muster fügen sich in diese Rahmen ein.

CaO. Nur in IV, V, 1, 2, 3 wurde CaO bestimmt; die Werte pendeln, nur die von V und 3 sind einander nahe. Dieses Oxyd verteilt sich auf Edenit, Diallag und kein anderes Mineral; mit den verschiedenen Mengen der genannten Silikate schwankt auch der CaO-Wert.

SrO. Die Bestimmung ergab für 1 = 1,68 Gew.-%, dem ein entsprechendes SO_3 zur Seite steht, also Cölestin = 2,96 Gew.-%. In 2 nur Spuren von Sr, in 3 fehlt Sr. In den Resten des analysierten Musters und zugehörigen 5 Dünnschliffen war Cölestin nicht zu finden; es könnte sich aber um ein vereinsamtes Korn oder um eine ebensolche Körnergruppe gehandelt haben. VAN TONGEREN (19) gibt für SrO in verwandten Indonesien-Pyroxeniten bis Serpentiniten an: 0,1 bis 0,001 Gew.-%, am häufigsten 0,003 bis 0,001 Gew.-%.

BaO lieferte in Muster 1 Spuren, 2 und 3 wurden nicht geprüft. Für verwandte Indonesien-Gesteine nennt (19) 0,001 bis 0,003 Gew.-%, fast stets neben Sr.

Alkalien. In den Pyroxeniten von (18) erreicht Na_2O = 0,14 bis 1,67 Gew.-%, K_2O = 0,06 bis 0,54 Gew.-%; K immer weniger als Na. In (19) darüber keine Daten. Unsere Muster liegen an der Untergrenze des chinesischen Bereiches, haben ebenfalls weniger K als Na, Alkaliträger sind bei uns Edenit und Diallag.

P_2O_5. 1 und 2 ließen Spuren davon erkennen; in den Dünnschliffen wurde kein P-Mineral gefunden. RO-SHING (18) gibt an 0,00—0,12 und 0,20 Gew.-%.

Cu, in 1 und 2 gewichtsmäßig bestimmt, in 3 als Spur enthalten, wird wahrscheinlich in Malachit gebunden sein; nirgends konnte aber Malachit an Musterresten oder im Dünnschliff beobachtet werden.

CO_2 verteilt sich auf Malachit und sehr wenig Magnesit, der im Schliff neben Steatit gefunden wurde.

SO_3 gehört zum Cölestin von 1. — S steckt in den im Schliff sichtbaren Gelbkiesen. F, nur in 1 gewichtsmäßig verzeichnet, dürfte der Hornblende zugehören. — In Spuren wurde für 1 auch Zn festgestellt, Pb fehlte.

Soweit verglichen werden konnte, paßt sich der Chemismus der untersuchten Orthopyroxenit-Muster den Welttypen verwandter Gesteine völlig an.

Gesteinschemie und Petrographie

Es ist nicht möglich, ohne optische Erkundung in Dünnschliffen nach Qualität und Quantität der beobachteten Minerale zu einer widerspruchfreien Interpretation der Analysen zu kommen. Das ist aber ein Hauptanliegen dieser Studie.

Als Methode der Analysenauswertung wurde die Entwicklung von Äquivalent-Normen nach BURRI-NIGGLI (4) gewählt. Dabei wurden, unterstützt durch Volumsdaten und Physiographie, allgemein nacheinander rechnerisch aus dem Gesamtchemismus herausgezogen (vgl. Tabelle 2, 3, 4):

Chromit. Soweit bisher bekannt, sind die Kraubather Chromite weder untereinander gleichartig, noch gar reine Ferrochromite. Es wurde angenommen, daß eine Zusammensetzung xCm + yHz + zSp in Ansehung der geringen Chromitmengen in 1, 2, 3 einer exakten Lösung nahe genug kommt. Symbolik wie in (4). Die praktisch übereinstimmenden x, y, z siehe in den Tabellen 2, 3, 4.

Ferri-Ilmenit. Das Pigment der Enstatite unserer Muster ist für reinen Ilmenit zu hell und zu rötlich, ferner ist sein Betrag gegenüber Ausmessungsversuchen zu niedrig, wenn man ihn nicht durch Fe_2O_3 aufbessert. In Ferri-Ilmeniten steigt Fe_2O_3 bis auf $^1/_3$ des Gesamtilmenites äquivalent-normativ an (10). Es handelt sich abermals um sehr kleine Mengen, so daß beim Ansatz so konstruierter Ferri-Ilmenite kein bedeutender Fehler entstehen kann.

Magnetkies-Pentlandit. Ausgehend von S, Ni und ergänzendem Fe aus Fe_2O_3 wird zusammenfassend (Ni, Fe) S aufgebaut. Man sieht die Gelbkiese im Schliff bei Auflicht gut, aber was davon Pentlandit und was Magnetkies ist, müßte in einem Erzmikroskop ermittelt werden. Für unsere derzeitigen Absichten genügt die obige Vorgangsweise. Nach LINCK-JUNG (9) sollen es Magnetkies-Einschlüsse sein, die das metallische Schillern der Pyroxene veranlassen. In unseren Mustern kommt das nicht in Frage.

Magnetit. Die Gelbkiese tragen fast stets eine verschieden dicke Magnetit-Rinde; als selbständige Kornsorte tritt Magnetit nicht auf. Das nach den bisherigen Operationen erübrigte Fe_2O_3 wird Ausgangspunkt der Mt-Berechnung (4).

Malachit. Dieses Mineral verbraucht Cu und etwas CO_2 sowie H_2O gemäß der Formel.

Magnesit. Das restliche CO_2 wird zum Magnesitaufbau verbraucht. So verbleiben bloß noch die zum Silikataufbau nötigen Stoffe.

Edenitische Hornblende macht den Anfang. Ausgangsposten: Die Volumsausmessung aus den Dünnschliffen und demgemäßer Aufbau nach BOYDS Edenitformel von 1953/54, Year Book, Washington, S. 109/110. Vgl. dazu (1). Die zum Formelaufbau nötigen Alkalien, Ca, MgFe, Al und Si werden mengenmäßig auf das Volumen normativ abgestimmt und das nötige $H_2O +$ ergänzt.

Diallag. Zum Diallagaufbau bereit sind die Reste von Alkali, Ca und Al, nach welchen Posten sich das zuzuteilende MgFe und Si richten muß. Diallag ist stets mit perthitischer Feinheit in die Enstatite eingewachsen, nur im Fall 1 in ganz geringer Menge auch selbständige Kornsorte. Richtschnur für den Diallagaufbau ist die normative Zusammensetzung des TRÖGERschen Mittels der Diallage aus Gabbro, Norit, Pyroxenit und Lherzolith (12), S. 343. ANGEL hat diese Norm rechnerisch entwickelt und gibt ihr folgende Form:

Di Hed	En Hy	Ts	Jd
10	4	1,4	0,15

Man beginnt mit Ausrechnung von Jd aus dem Alkalirest; es folgt Ts aus dem Al-Rest; hierauf DiHed aus dem Ca-Rest; schließlich Zuteilung von EnHy = $^4/_{10}$ DiHed. Man kann die normativen Verhältniszahlen etwas modulieren; wie weit, ergibt sich aus der Rechnungsführung, vgl. Tabellen 2, 3, 4, 5.

Die weitere Aufteilung des großen Restes von MgFe und Si ist dann ziemlich eindeutig. Wenn der Si-Rest größer ist als der MgFe-Rest, muß nach Maßgabe des Si-Überschusses über das Metasilikatverhältnis Tc = Talk, Steatit berechnet werden, womit die Verfügbarkeit von $H_2O +$ zusammenpaßt; der Rest ist die Hauptmenge von EnHy. — Wäre, was aber 1, 2, 3 nicht betrifft, SiO_2 kleiner als das restierende (MgFe)O, so müßte man anstelle von Tc dann Ant (Serpentin, Bastit) berechnen, der große Rest darüber hinaus wäre wieder EnHy.

Zum Abschluß der Auswertung gehört die Aufteilung von $H_2O +$; nach Abzug der $H_2O +$ Beträge für Malachit, Edenit und Talk verbleibt nun in unseren Fällen ein sehr bedeutender Anteil unverwendet, und zwar je 67 bzw. 79,7 bzw. 61,7 Gew.-% des betreffenden Gesamt-$H_2O +$. Darüber noch weiter unten.

Mg-Fe-Verteilung ist in den Silikaten. Es ist zur Zeit unbekannt, wie sich Mg und Fe (mit kleinem Mn zusammengezogen) auf ein Trio Fe-armer Orthopyroxen, Diallag und Edenit aufteilen. Man kann normativ einfach gleichmäßig auf das Trio aufteilen. Aber es scheint doch, daß das Fe gegen Mg im Edenit stärker vertreten ist als in Diallag und in diesem auch noch etwas stärker als im reinen Orthopyroxen. Wie sich diese in den normativen Gestaltungen in den Fällen 1, 2, 3 anläßt, ist aus den Tabellen 2, 3, 4, 5 zu entnehmen. In diesen Tabellen, besonders in Tabelle 5, werden auch noch Sonderprobleme sichtbar.

Petrochemische Auswertungstabellen und Erläuterungen dazu

Tabelle 2. Analysenauswertung zu 1, feinkörniger Orthopyroxenit-Typus aus dem Preger Hartsteinbruch (Kraubath, Steiermark). Anal. LASKOVIC, 1965.

		Chromit	Ferri-Ilmenit	Magnetkies-Pentlandit	Magnetit	Malachit	Magnesit	Edenit (15,6)*)	Jd	Ts	Di Hed (12,9)	En Hy (12,0)	Tc (11,9)	En Hy (11,68)
Si	846							44,8	1,2	4	96,4	39,0	224,0	436,6
Ti	2,5		2,5											
Al	16	1,0						6,4	0,6	8				
Cr	3,4	3,4												
Fe'''	27		2,5	10	14,5									
Fe'' } Mn }	99	2,1	2,5		7,5			5,0			6,2	4,7	20,0	51,0
Mg	648	0,1					11	27,0			42,0	34,3	148,0	385,6
Ni	2			2										
Ca	65							12,8		4	48,2			
Na } K }	7							6,4	0,6					
Cu	4					4								
CO_2	(13)					(2)	(11)			Diallag				
S	12			12										
H+	(392)					(4)		(12,8)					(112)	
Äquival.-Proport.		6,6	7,5	24	22	4	11	102,4	2,4	16	192,8	78,0	392,0	873,2
		75,1							289,2					
Norm-%		0,38	0,43	1,39	1,27	0,23	0,64	5,89	0,14	0,93	11,14	4,50	22,64	50,42
		4,34							16,71					

*) Fe/FeMg%

Tabelle 3. Analysenauswertung zu 2, mittelkörniger Orthopyroxenit-Typus aus dem Preger Hartsteinbruch (Kraubath, Steiermark). Anal. LASKOVIC, 1965.

		Chromit	Ferri-Ilmenit	Magnetkies-Pentlandit	Magnetit	Malachit	Magnesit	Edenit (9,0)	Jd	Ts	Di Hed (9,0)	En Hy (9,0)	Tc (8,0)	En Hy (8,4)
Si	895							45,4	1,0	4,6	72,8	29,1	100,0	642
Ti	1,4		1,4											
Al	18	1,8						6,5	0,5	9,2				
Cr	5,8	5,8												
Fe'''	16		1,4	11	3,6									
Mn, Fe''	77,5	3,6	1,4		1,8			3,3			3,3	2,6	6,0	55,5
Mg	751,5	0,2					6,5	29,7			33,1	26,5	69,0	586,5
Ni	3			3										
Ca	54							13,0		4,6	36,4			
Na, K	7							6,5	0,5					
Cu	3					3								
CO_2	8					(1,5)	(6,5)				Diallag			
S	14			14										
H+	(331)					(3)		(13,0)					(50,0)	
Äquival.-Proport.		11,4	4,2	28	5,4	3	6,5	104,5	2,0	18,4	145,6	58,2	175	1284
		58,5							224,2					
Norm-%		0,62	0,23	1,52	0,29	0,16	0,35	5,67	0,11	1,00	7,88	3,15	9,46	69,56
		3,17							12,14					

Tabelle 4. Analysenauswertung zu 3, Orthopyroxen-Einkristall aus dem Orthopyroxenit des Holzer-Stollens im Preger Hartsteinbruch (Kraubath, Steiermark). Anal. LASKOVIC, 1965.

		Chromit	Ferri-Ilmenit	Magnetkies-Pentlandit	Magnetit	Magnesit	Edenit (14,2)	Jd	Ts	Di Hed (14,0)	En Hy (13,6)	Tc (10,6)	En Hy (12,15)	Ts (11,1)
Si	923						16,8	0,6	3,1	44,2	17,7	88,0	749,45	3,15
Ti	0,4		0,4											
Al	19	1,4					4,8	0,3	6,2					6,30
Cr	5	5,0												
Fe'''	8		0,4	4,8	2,8									
Mn, Fe''	110,4	3,1	0,4		1,4		1,7			3,1	2,3	7,0	91,05	0,35
Ni	1,2			1,2										
Mg	769	0,1				4	10,3			19,0	15,4	59,0	658,40	2,80
Ca	30						4,8		3,1	22,1				
Na, K	7						2,4	0,3						
CO_2	4					(4)								
									Diallag					
S	6			6,0										
H÷	(128)						(4,8)					(44)		
Äquival.-Proport.		9,6	1,2	12,0	4,2	4	40,8	1,2	12,4	88,4	35,4	154	1498,90	12,6
				31,00					137,4					
Norm-%		0,51	0,06	0,64	0,22	0,21	2,18	0,06	0,66	4,72	1,89	8,22	79,96	0,67
				1,64					7,33					

Ergebnis von Tabelle 2:

		Norm-%		Vol.-% beob.
Enstatit	En, Hy	50,42	90,20	66,7 . .
	Ferri-Ilm	0,43		< 0,7
	Steatit	22,64		6,8 (!)
	Diallag	16,71		17,0
Edenit		5,89		6,8
Chromit		0,38		0,33
Magnetkies/Pentlandit		1,39	2,86	0,65
Magnetit		1,27		0,60
Malachit		0,23		—
Magnesit		0,64		?
		100,00		

Diallag-Aufbau:

DiHed	EnHy	Ts	Jd
10	4	0,84	0,13

Chromit-Aufbau:

Cm	Hz	Sp
5,1	1,2	0,3

H_2O+, Bilanz: Verfügbar 3,53 Gew.-%
Unverwendet 2,37 Gew.-%

Fe/FeMg in den Silikaten: 12 Atom-%

Fe/FeMg, Gesamtanalyse: 13 Atom-%

Cölestin aus der Gesamtanalyse: 2,96 Gew.-%
(wurde aus der Auswertung herausgehalten).

Ergebnis von Tabelle 3:

		Norm-%		Vol.-% beob.
Enstatit	En, Hy	69,56	91,39	81,7
	Ferri-Ilm	0,23		0,2
	Steatit	9,46		—
	Diallag	12,14		11,0
Edenit		5,67		4,84
Chromit		0,62		0,5
Magnetkies/Pentlandit		1,52	1,81	1,76
Magnetit		0,29		
Malachit		0,16		—
Magnesit		0,35		—
		100,00		

Diallag-Aufbau:

DiHed	EnHy	Ts	Jd
10	4	1,27	0,14

Chromit-Aufbau:

Cm	Hz	Sp
8,7	2,1	0,6

H_2O+, Bilanz: Verfügbar 2,98 Gew.-%
Unverwendet 2,37 Gew.-%

Fe/FeMg in den Silikaten: 8,7 Atom-%

Fe/FeMg, Gesamtanalyse: 9,35 Atom-%

Ergebnis von Tabelle 4:

		Norm-%		Vol.-% beob.
Enstatit	En, Hy	79,96	96,18	91,48
	Ts'	0,67		
	Ferri-Ilmenit	0,06		0,07
	Steatit	8,22		—
	Diallag	7,33		5,0
Edenit		2,18		2,05
Chromit		0,51		0,4
Magnetkies/Pentlandit		0,64	0,86	1,0
Magnetit		0,22		
Magnesit		0,21		—
		100,00		

Diallag-Aufbau:

DiHed	EnHy	Ts	Jd
10	4	1,4	$0,12_4$

Chromit-Aufbau:

Cm	Hz	Sp
7,5	1,8	0,3

H_2O+, Bilanz: Verfügbar 1,15 Gew.-%

Unverwendet 0,71 Gew.-%

Fe/FeMg in den Silikaten: 12,12 Atom-%

Fe/FeMg, Gesamtanalyse: 12,56 Atom-%

Alkali-Bilanz: Es blieben unverwendbar rund 0,13%, als Na_2O gerechnet.

Tabelle 5.

Zusammenstellung der aus den Analysen 1, 2, 3 über den Orthopyroxenit und seinen Pyroxen gewonnenen Daten.

A. Vergleich der modenächsten Normen

Analyse	Ts'	EnHy	Tc	FIlm	Diallag		Ed	Cm*	MP	Mt	Mgs	Mal
1	—	50,42	22,64	0,43	16,01	0,7	5,89	0,38	1,39	1,27	0,64	0,23
2	—	69,56	9,46	0,23	12,14	—	5,67	0,62	1,52	0,29	0,35	0,16
3	0,67	79,96	8,22	0,06	7,33	—	2,18	0,51	0,64	0,22	0,21	—

B. Die Diallaganteile der Enstatite

	DiHed	EnHy	Ts	Jd	Fe/FeMg % der Silikate
1	10	4,04	0,84	0,13	12,0 At.-%
2	10	4,0	1,27	0,14	8,7 At.-%
3	10	4,0	1,4	0,12	12,12 At.-%
M (G, N, P, L)	10	4,0	1,4	$0,15_4$	24,0 bis 12,7 At.-%

C. Verhältnis Magnetit: (Magnetkies + Pentlandit)

1	0,92:1,00
2	0,19:1,00
3	0,34:1,00

D. Steatitisierungsumfang

Diallaggehalte und Wasserbilanzen

	$\frac{Tc}{EnHy + Tc}$ %	Diallag-gehalte	H_2O+, total	unverwendet (Gew.-%)
	Normative Verhältnisse			
1	30,98	rund 16	3,53	2,37
2	12,00	12	2,98	2,37
3	9,26	7	1,15	0,71

Symbolerklärungen

Ts' = Normsymbol für Mg-Tschermakit (Mg, Fe) Al_2SiO_6. — Fllm = Ferri-Ilmenit. — Ed = Edenit. — Cm* = Normativer Chromit. — MP = normativer Magnetkies ∔ Pentlandit. — Mgs = Magnesit. — Mal = Malachit. — M (G, N, P, L) = Normatives Mittel von Diallagen aus Gabbros, Norit, Pyroxenit, Lherzolith, basiert auf DiHed = 10. — DiHed und EnHy = Zusammenzählung der normativen Glieder Di und Hed bzw. En und Hy; wie stark jeweils die reinen Mg- und analogen Fe''-Verbindungen vertreten sind, gibt der prozentische Atomquotient Fe/FeMg an; darin Fe = Fe'' + kleine Anteile Mn. Wie klein dieses Mn, entnimmt man aus Tabelle 1.

Tabelle 6.

Übersicht über die Impuls-Ausbeuten bei qualitativer Röntgen-Fluoreszenz-Analyse.

Röhren: W und Cr, 50 kV, 20 mA, Winkelgeschwindigkeit 1°/min., geordnet nach steigendem 2 Omega, Impulse der Röhren nicht angeführt.

EDDT-Kristall, Durchflußzähler

1. Feinkörnige Abart		2. Mittelkörnige Abart		3. Einkristall	
Cr-Röhre		W-Röhre		W-Röhre	
Cu	K alpha I				
		Ni	K beta I		
Ni	K alpha I	Ni	K alpha I	Ni	K alpha I
Fe	K beta I	Fe	K beta I	Fe	K beta I

Bei 23,45° leichte Linienstörung für Fe K beta I: ? Co K alpha I, gleichartig für alle 3 Proben.

1. Feinkörnige Abart		2. Mittelkörnige Abart		3. Einkristall	
Fe	K alpha I	Fe	K alpha I	Fe	K alpha I
		Mn	K alpha I	Mn	K alpha I
		Cr	K alpha I	Cr	K alpha I
Ti	K beta I	Ti	K beta I		
Ti	K alpha I	Ti	K alpha I	Ti	K alpha I
Ca	K beta I	Ca	K beta I	Ca	K beta I
Ca	K alpha I	Ca	K alpha I	Ca	K alpha I
K	K beta I				
Fe	K beta II	Fe	K beta II	Fe	K beta II
K	K alpha I			K	K alpha I

1. Feinkörnige Abart		2. Mittelkörnige Abart		3. Einkristall	
Cr-Röhre		W-Röhre		W-Röhre	
Fe	K alpha II	Fe	K alpha II	Fe	K alpha II
		Mn	K alpha II	Mn	K alpha II
		Cr	K alpha II	Cr	K alpha II
S	K beta I				
Fe	K beta III	Fe	K beta III	Fe	K beta III
S	K alpha I	S	K alpha I	(S	K alpha I)
Ti	K alpha II				
Fe	K alpha III	Fe	K alpha III	Fe	K alpha III
Ca	K beta II	Ca	K beta II	Ca	K beta II
		Mn	K alpha III	Mn	K alpha III
Ca	K alpha II	Ca	K alpha II	Ca	K alpha II
		Cr	K alpha III	Cr	K alpha III
Fe	K beta IV	Fe	K beta IV	Fe	K beta IV
Si	K alpha I	Si	K alpha I	Si	K alpha I
K	K alpha II				
Fe	K alpha IV	Fe	K alpha IV	Fe	K alpha IV
Ti	K alpha III				
Al	K alpha I	Al	K alpha I		
LiF-Kristall, Scintillationszähler					
Cr-Röhre		W-Röhre		W-Röhre	
Sr	K beta I				
Sr	K alpha I	(Sr	K alpha I)		
Cu	K beta I	Cu	K beta I		
Zn	K alpha I				
Cu	K alpha I	Cu	K alpha I	(Cu	K alpha I)
Ni	K alpha I	Ni	K alpha I		
Fe	K beta I	Fe	K beta I	Fe	K beta I
Fe	K alpha I	Fe	K alpha I	Fe	K alpha I
		Mn	K alpha I	Mn	K alpha I
		Cr	K alpha I	Cr	K alpha I

Erläuterungen zu Tabelle 2. In den Kolonnen für die Silikate mit Fe''-Anteil ist vertikal gestellt und in Klammer die Zuteilung von Fe/FeMg in Atom-% angegeben. Die Zusammenstellung „Ergebnis" verarbeitet die Einzelheiten. Unter Enstatit ist darin zusammengefaßt, was das Orthopyroxenkorn enthält: sichtbar das Schillerpigment und der mikroperthitisch eingewachsene (entmischte) Diallag sowie der sichtbare Feintalkanteil; unsichtbar der aus der Analysenauswertung statuierte Feintalk oder Steatit und der Überschuß an H_2O+. Die Volumsbeobachtungen in 5 Schliffen sind gemittelt und der Analysenauswertung in ihrer Normgestalt zur Seite gestellt. Die Pigmentausmessung ist wegen der Zartheit der Täfelchen mühsam und zu hoch geraten, man muß sich mehr auf den normativen Wert verlassen. Was die Tabelle noch sonst an Einzelheiten bietet, wird zusammenfassend diskutiert werden.

Erläuterungen zu Tabelle 3. Tabellengestaltung wie oben, daher die Ergebnisse engstens vergleichbar. Hier hat die Pigmentauszählung bessere Übereinstimmung mit der Norm. Während im Analysenfall 1 das Fe/FeMg-Verhältnis in den Silikaten bei 12% liegt, wurde dafür im Analysenfall 2 nur 8,7% gefunden. Das ist eindeutig Enstatitbereich, während im Fall 1 die Grenze Enstatit-Bronzit erreicht wird.

Erläuterung zu Tabelle 4. Untersucht wurde ein großes Einkristallkorn, das leider auch nicht homogenen war (Erzeinschlüsse, Pigment, Spuren von Magnesit, 2% Edenit. Mit 12,12 At.-% Fe/FeMg steht auch dieses Material im Grenzbereich Enstatit/Bronzit. Die Analysenauswertung führt zu einer kleinen Menge Ts′ und überdies konnte ein Teil der Alkalien nicht so untergebracht werden, als es nach optischen Befunden und in grundsätzlicher Übereinstimmung mit den Analysenfällen 1 und 2 erwartet werden konnte.

Erläuterungen zu Tabelle 5. Als „modenächste Norm" bezeichne ich eine Normvariante (4), die auf Grund optischer qualitativer und quantitativer Befunde dem modalen Kornsortenbestand (Modus=Mode) weitestgehend entspricht.

Wie aus Tabelle 5 A vergleichend sichtbar wird, macht das, was zum Enstatitkorn gerechnet werden muß in den Fällen 1, 2, 3 in Norm.-% je 82,70, 91,39 und 96,18 Anteile aus. Im Fall 1 mit dem größten Diallaganteil kommt schon eine kleine Menge freier Diallag vor; das fehlt in beiden anderen Fällen; es deutet der Befund von 1 in die Richtung, daß hier der Orthopyroxen an Diallag in fester Lösung schon übersättigt ist. Die normative Diallagkonstitution schwankt nur wenig, vgl. Tabelle 5 B.

Dem Verhältnis Fe/FeMg nach ist der Enstatit in 2 eisenärmer als in 1 und 3, FeO wäre hier 5,05 Gew.-%, also klassischer Enstatitbereich (2) und (8). In beiden andern Fällen führt die normative Berechnung auf rund 12 Atom-% Fe, dem entsprechen 8,3 Gew.-% FeO, 2 V liegt zudem hart um 90^0. Soll man diese Spielart noch zum Enstatit oder schon zum Bronzit rechnen, wo sie doch nebeneinander im gleichen Vorkommen auftreten? Diese Frage ergibt sich nicht nur in Kraubath; z. B. auch im Bielengebirge (CSR), vgl. KRETSCHMER in (1) und in nordportugiesischen ultramafischen Massen, wo COTEILO NEIVA sich entschloß, solche Orthopyroxene als Enstatit-Bronzite zu charakterisieren (1). TRÖGER zieht die Grenze Enstatit:Bronzit bei 10 Formel-% Fs (= normativ Hy), das wären 6,97 Gew.-% FeO in der Analyse. Aus zwei Gründen möchte ich die besagte Grenze noch etwas hinaufschieben, nämlich bis 2 V = 90°, bis der optische Charakter umschlägt; erstens wäre das eine naturhistorische Grenzziehung und zweitens sprechen paragenetische Umstände mit: Solche immer noch Fe-arme Orthopyroxene beherrschen mit noch Fe-ärmeren große ultramafische Massen, in welchen auch ihre silikatischen Begleiter Diallag und Edenit eisenarm sind (1). Aus solchen Überlegungen heraus sprechen wir nicht nur den Orthopyroxen in 2, sondern auch die beiden andern als Enstatite und die von ihnen beherrschten Gesteine als Enstatitfelse an.

Der in allen drei Fällen fast ausschließlich perthitisch aus dem Orthopyroxen entmischte Diallag ist ebenfalls eisenarm, wie ein Vergleich zeigt. TRÖGERS Durchschnittsdiallag aus Gabbro bis Lherzolith (12) hat in seinen Silikaten ein Fe/FeMg = 12,7 bis 24 Atom-%, vgl. Tabelle 5 B. Die Diallage der Holzerbruch-Muster schließen sich an die eisenärmere Seite an.

In allen drei Fällen führt die normative Durchrechnung auf Tc (Steatit) und unverwendet bleibendes H_2O+; aber davon zeigt ein Dünnschliff von 3 nichts, obschon Tc = 8,22 Norm-%; in 2 sieht man fast nichts von Steatit, trotz Tc = 9,46 Norm.-%, und in 1 ließen sich zwar 6,8 Vol.-% Talk feststellen, aber dem stehen 22,64 Norm-% Tc gegenüber. Außerdem sieht man nicht an Stücken und nicht in Schliffen Malachit und vom Magnesit nur Spuren. Wo können diese vermißten Anteile stecken? Anscheinend doch bloß in den Räumen der Enstatitkörner. Diese enthalten neben den Pigmenteinschlüssen und perthitischen Diallagen die optisch unauflösbare, in Gestalt trüber Mikrostreifchen nach [001] wahrnehmbare Faserung. Hinweise gibt es bei CLAR (1) und CHUDOBA (5), S. 89 z. B. Wir stellen all dem den Zustand mechani-Zerkörnung, Kinkung, Mikrozerreißfugenbildung zur Seite, woran sich folgende Zusammenhänge knüpfen: 1 ist am feinsten zerkörnt, normativ und modal am talkreichsten und am stärksten mit Gelbkiesen und Magnetit beschickt; 2 ist mittelgrob zerkörnt, hat weniger Tc und auch weniger von den erwähnten Erzen; 3 hat das gröbste und am wenigsten mechanisch gestörte Korn, wiederum weniger Tc und Erze. Diese Erze siedeln sich auf Kornfugen, Mikrorissen und gestörten Kornrändern an; selbst das Schiller-Pigment wird längs mechanischen Rissen umgeordnet und rekristallisiert. Wir schließen daraus, daß die Enstatitkörner im Zusammenhang mit den mechanischen Phänomenen einer teilweisen Umsetzung unterliegen, die mit Protobastitisierung eine gewisse Ähnlichkeit hat. Diskrete, orientierte, mechanisch veranlaßte Gitterstörungen durchziehen in Scharen die Körner; an diesen Störstrichen stehen ultramikroskopisch Noch-Enstatitbereiche und Schon-Steatitbereiche Seite an Seite. Die optische Erscheinungsform ist die „Faserung". In diesen aufgelockerten Kornteilen wird nicht nur H_2O+ zur Steatitbildung verbraucht, sondern darüber hinaus fixiert („Unverwendetes Wasser"). Im Mikrotrümmerbrei der „Faserung" kann auch das bißchen Malachit dispergiert sein und ein Teil des Abfall-Magnesites der Steatitisierung wird darin zurückgehalten. Es ist in 2 auch beobachtet worden, daß mit der teilweisen Steatitisierung Anteile des perthitischen Diallags verschwinden; es gibt da Enstatitkornränder, die wie gequollen aussehen und in welche hinein sich die Diallaglamellen abrupt nicht fortsetzen. Es kann sein, daß dabei freiwerdendes Alkali ebenfalls in der Faserung fixiert wird, es stehen aber dabei keine großen Mengen zur Verfügung.

Die Magnesitspuren bezeugen, daß bei der Steatitisierung Mg frei wird und zum größeren Teil abgewandert ist; mit steigendem normativen Tc liegt auch $MgCO_3$ ein wenig höher. Die Steatitmenge an sich würde mehr $MgCO_3$ verlangen, und man kann normativ berechnen, wieviel dabei das Gestein abgegeben hat. Wie sich normativer Steatit zwangläufig ergibt, zeigen die Auswertungstabellen.

Edenit bleibt in den untersuchten Fällen unberührt von Umsetzungen. In 1 und 2 hat er Übergemengteilcharakter, in 3 bildet er gröbere, nicht orientierte Einschlüsse im Enstatit, aber bloß an protoklastischen Störstellen, und ist daher nachenstatitisch gewachsen.

Die Erze. Chromit und die sulfidisch-oxydischen Erze müssen genetisch getrennt werden. Der Chromit ist ein nur spärlich von Picotit begleitetes Frühkristallisat; er wird nicht von Magnetit begleitet (Vgl. [1]).

Hingegen ist Magnetit ständiger Begleiter der Gelbkiese, immer an deren Rand und als Oxydationsprodukt; den Wechsel der Mengenverhältnisse zeigt Tabelle 5 C. Im kleiner zerkörnten Gewebe von 1 ist Rindenmagnetit auf Kosten der Gelbkiese am reichsten entwickelt; im am wenigsten zerlegten Einkristall-Korn ist der Magnetitanteil an den komplexen Erzkörnern am kleinsten.

Wir halten es für wahrscheinlich, daß sich an die orthomagmatische Ausscheidung und Akkumulation der Enstatite mit Diallag in fester Lösung zunächst Diallagentmischung und Kristallisation überschüssigen, selbständigen Diallags anschließt, dann setzt Protoklase im Zusammenhang mit Kinkung ein und es erscheint nach Beruhigung der Kornzerbrechungen der Edenit, der nicht mehr mechanisch tangiert wird; der Edenit ist in der Kristallisationsgeschichte unserer Enstatitfelse die erste Kornsorte, die H_2O+ an sich zieht, welches infolge einer ersten, schwachen Transvaporisation in die protoklastische Masse Eingang findet. Sie setzt sich als starke, positive Transvaporisation fort; die zutretende fluide Masse führt hauptsächlich H_2O+, aber auch CO_2, eine relativ kleine Menge von Metallkomplexsalzen des (Ni, Fe und Spuren anderer, z. B. Cu) H_2S, fallweise auch SO_3 und Sr. Ihre Hauptleistung ist die sichtbare und unsichtbare Steatitisierung, welche hauptsächlich den Enstatit betrifft aber auch den Diallag nicht schont; das einzige korrelate sichtbare Phänomen ist die „Faserung" der Enstatite. Die Transvaporisation (SZADECZKY-KARDOSS 1959) schlägt — also in einer Spätphase der Entwicklung — die sulfidisch/oxydischen Erze, etwas Magnesit und Malachit nieder, letztere in den Faserungsbereichen, die durch ihren Unordnungszustand dafür besonders geeignet erscheinen. Das dürfte den Ablauf der paragenetischen Entwicklung am besten wiedergeben.

Zur Tabelle 6. Diese Tabelle hatte zum Ziel, besonders die nur in kleinsten Mengen in den Mustern aufgefundenen Stoffe wie Cu, Ti, Mn, die Alkalien, Cr, Sr, Zn, S, Co und Ni zu bestätigen oder zu negieren. Der Zweck wurde sichtlich erreicht.

Zusammenfassung

Erstmals wurden über Enstatitfelse von Preg/Kraubath neue, vollständige Analysen vorgelegt und petrographisch-mineralogisch ausgewertet, wofür Dünnschliffe der bearbeiteten Muster Unterlagen lieferten. Das Ergebnis waren viele neue Einblicke in den Aufbau dieser Gesteine und ihrer Kornsorten, wie Chromit, das ferriilmenitische Schillerpigment, die Teilparagenese Magnetkies/Pentlandit + Magnetitrinden, das paragenetische Nichtzusammengehen der Erze, die Konstitution des Enstatites und seines perthitisch eingelagerten Diallages, die Wirkung steatitisierender Angriffe.

Lesestoff

A. Allgemeine Auswahl

(1) Angel, F.: Petrographische Studien an der Ultramafit-Masse von Kraubath (Steiermark). – Joanneum, Mineralogisches Mitteilungsblatt 2/1964, Graz. 1–95. Hier ausführliches Literaturverzeichnis.

(2) Becke, F. & G. Tschermak: Lehrbuch der Mineralogie, 8. Aufl. Bei Hölder, Wien–Leipzig 1921, 1–751. Speziell 134/35 und 556/8.

(3) Boyd, F. R. & J. L. England: Some Effects of Pressure on Phase Relations in the System $MgO-Al_2O_3-SiO_2$. – Carnegie Inst. Washington, Year Book *62*, 1963, 121–124.

(4) Burri, C.: Petrochemische Berechnungsmethoden auf äquivalenter Grundlage (Methoden von Paul Niggli). – Bei Birkhäuser, Basel 1959, 1–334. Speziell 272/4.

(5) Chudoba, K.: Mikroskopische Charakteristik der gesteinsbildenden Mineralien. – Bei Herder, Freiburg i. B. 1932, 1–213. Speziell 89/90, 199.

(6) Davis, B. T. C.: The System Enstatite-Diopside at 30 kb pressure. – Carnegie Inst. Washington, Year Book *62*, 1963, 103–106.

(7) Hatle, E.: Die Minerale des Herzogthums Steiermark. – Graz 1885, 1–212, speziell 105.

(8) Klockmann, F. & P. Ramdohr: Lehrbuch der Mineralogie, 12. Aufl. – Bei Enke, Stuttgart 1942, 1–659, speziell 561–563.

(9) Linck, G. & H. Jung: Grundriß der Mineralogie und Petrographie. – Bei Fischer, Jena 1935, 1–290, speziell 113.

(10) Struntz, H.: Mineralogische Tabellen. – Akad. Verl. Ges., Leipzig, 3. Aufl. 1957. 1–448. Speziell 144 und 292.

(11) Tröger, W. E.: Tabellen zur optischen Bestimmung gesteinsbildender Minerale. – Bei Schweizerbart, Stuttgart 1952, 1–147.

(12) – Spezielle Petrographie der Eruptivgesteine. Ein Nomenklatur-Kompendium. – Bei Deutsche Mineralog. Ges., Berlin W 35, 1935, 1–360. Speziell 343/44.

B. Zur Chemie und Geochemie

(13) Biltz, B.: Ausführung quantitativer Analysen. 7. Aufl. – Bei Hirzel, Stuttgart 1952, 1–456. Speziell 145 und 304ff.

(14) Chemikerausschuß des Vereins Deutscher Eisenhüttenleute: Handbuch für das Eisenhütten-Laboratorium B. 1: Die Untersuchung nichtmetallischer Stoffe. – Düsseldorf 1960, 1–324. Speziell 6, 12, 42, 64, 74, 80, 87.

(15) Jakob, J.: Chemische Analyse der Gesteine und silikatischen Mineralien. – Bei Birkhäuser, Basel 1952, 1–180. Speziell 13ff., 28ff., 62, 65, 107, 136, 137, 146.

(16) Laskovic, F.: Ausgewählte Methoden für das Bergbaulaboratorium, herausgegeben zum internen Gebrauch im Laboratorium am Steirischen Erzberg. – Selbstverlag, Eisenerz 1953, 1–20.

(17) DITTRICH, M. & A. LEONHARD: Über die Bestimmung des Eisenoxyduls in Silikatgesteinen. – Zt. Anorgan. Chemie *74*, 1912, 21–32.

(18) RO-SHING, LIU.: Petrographical Characteristica of an Ultrabasic Massif containing Nickel-Copper-Sulfide ore. – Acta Geol. Sinica *42*/1, 1962, Peking, 79–90 (Chines.).

(19) VAN TONGEREN, W.: Contribituons to the knowledge of the chenical composition of the Earth's Crust in the East Indian Archipelago, I & II. – I. The spectrographic determination of the Elements according to arc methodes in the range 3600–500 A. – II. On the occurrence of rarer Elements in the Netherlands East Indies. – Bei Centen, Amsterdam 1938, 1–181. Speziell 104–157.

Die Verfasser

Prof. Dr. FRANZ ANGEL, 8010 Graz, Kopernikusgasse 27/II.

Dipl.-Ing. FRANZ LASKOVIC, Chefchemiker im Portlandzement-Werk, 4560 Kirchdorf a. d. Krems, Oberösterreich.

Die in den Sitzungsberichten Abtlg. I und Abtlg. II der math.-nat. Klasse der Österr. Ak. d. Wiss. erscheinenden Abhandlungen werden auch einzeln abgegeben. Sie können durch jede Buchhandlung oder direkt durch die Auslieferungsstelle der Österreichischen Akademie der Wissenschaften (Wien I, Singerstraße 12) bezogen werden.

Nachfolgende Abhandlungen aus dem Fache Botanik (Biologie) sind erschienen:

1957 (S I Bd. 166):

Politis J.: Über die „Tanninoplasten" oder Gerbstoffbildner der Crassulaceae (mit 2 Textabbildungen und 1 Tafel). S 6.—

Politis J.: Über einen neuen Pflanzenfarbstoff in den Blüten einiger Verbascum-Arten (mit 2 Tafeln). S 5.20

Übeleis Ilse: Osmotischer Wert, Zucker- und Harnstoffpermeabilität einiger Diatomeen (mit 1 Textabbildung). S 30.40

1958 (S I Bd. 167):

Höfler Karl: Permeabilitätsstudien an Parenchymzellen der Blattrippe von Blechnum spicant (mit 5 Textabbildungen). S 45.—

Rechinger K. H., Dulfer H. und Patzak A.: Širjaevii fragmenta astragalogica IV. S 38.10

Url Walter: Zur Wirkung der Atmungsgifte Natriumazid und Dinitrophenol auf die Permeabilität von Blechnum spicant-Zellen (mit 3 Textabbildungen). S 25.—

Wawrik Friederike: Hochgebirgs-Kleingewässer im Arlberggebiet III (mit 3 Textabbildungen und 1 Tafel). S 18.90

1959 (S I Bd. 168):

Biebl Richard: Röntgenstrahlenwirkungen auf Commelinaceenstecklinge (Total- und Partialbestrahlungen) (mit 9 Tabellen und 5 Textabbildungen). S 31.20

Höfler Karl: Über die Gollinger Kalkmoosvereine (mit 1 Textabbildung und 1 Tafel). S 34.50

Höfler Karl und Fetzmann Elsa Leonore: Algen-Kleingesellschaften des Salzlackengebietes am Neusiedler See I (mit 1 Tafel). S 21.50

Hustedt Friedrich: Die Diatomeenflora des Salzlackengebietes im österreichischen Burgenland (mit 31 Textabbildungen und 1 Tafel). S 53.90

Luhan Maria: Zur Wurzelanatomie unserer Alpenpflanzen. IV. Compositae (mit 9 Textabbildungen und 4 Tafeln). S 36.90

Pfoser Karl: Vergleichende Versuche über Verholzungsreaktionen und Fluoreszenz (mit 2 Textabbildungen und 2 Tafeln). S 18.70

Rechinger K. H., Dulfer H. und Patzak A.: Širjaevii fragmenta astragalogica. S 29.40

Wendelberger Gustav; Die Vegetation des Neusiedler See-Gebietes. S 7.20

1960 (S I Bd. 169):

Bolay Erika: Die Vitalfärbung voller Zellsäfte und ihre cytochemische Interpretation (mit einer Textabbildung und 5 Tafeln). S 49.—

Ehrendorfer F.: Neufassung der Sektion Lepto-Galium Lange und Beschreibung neuer Arten und Kombinationen (zur Phylogenie der Gattung Galium, VII). S 12.—

Franz Gertrude: Die Mikroflora einiger Standorte im Leithagebirge in ihrer Abhängigkeit von Boden und Vegetationsdecke (mit 22 Textabbildungen). S 88.—

Pruzsinszky S.: Über Trocken- und Feuchtluftresistenz des Pollens (mit 12 Abbildungen auf 6 Tafeln). S 63.40

1961 (S I Bd. 170):

Fetzmann Elsalore, Vegetationsstudien im Tanner Moor (Mühlviertel, Oberösterreich) (mit 2 Textabbildungen und 2 Tafeln). S 170–3, S 23.–

Pruzsinszky Siegfried und Url Walter, Ein Beitrag zur Desmidiaceenflora des Lungaues. S 170–1, S 9.–

Rechinger K. H., Dufler H. und Patzak A., Širjaevii fragmenta astragalogica XIII. bis XVII. Teil. S 170–2, S 56.–

1962 (S I Bd. 171):

Niklfeld Harald, Über die Pflanzengesellschaften der Fels- und Mauerspalten Südfrankreichs (mit 1 Textabbildung und 1 Falttabelle) 171–23, S 52.–

Url Walter, Permeabilitätsversuche an Stengelepidermiszellen von Gentiana germanica und Gentiana ciliata (mit 3 Textabbildungen) 171–16, S 40.–

GPSR Compliance
The European Union's (EU) General Product Safety Regulation (GPSR) is a set of rules that requires consumer products to be safe and our obligations to ensure this.

If you have any concerns about our products, you can contact us on

ProductSafety@springernature.com

In case Publisher is established outside the EU, the EU authorized representative is:

Springer Nature Customer Service Center GmbH
Europaplatz 3
69115 Heidelberg, Germany

www.ingramcontent.com/pod-product-compliance
Ingram Content Group UK Ltd.
Pitfield, Milton Keynes, MK11 3LW, UK
UKHW021928190726
13853UKWH00002B/914